M. Ramar

Doenças transmitidas por mosquitos, hábitos e métodos de controlo

M. Ramar

Doenças transmitidas por mosquitos, hábitos e métodos de controlo

ScienciaScripts

Imprint
Any brand names and product names mentioned in this book are subject to trademark, brand or patent protection and are trademarks or registered trademarks of their respective holders. The use of brand names, product names, common names, trade names, product descriptions etc. even without a particular marking in this work is in no way to be construed to mean that such names may be regarded as unrestricted in respect of trademark and brand protection legislation and could thus be used by anyone.

Cover image: www.ingimage.com

This book is a translation from the original published under ISBN 978-620-2-01018-4.

Publisher:
Sciencia Scripts
is a trademark of
Dodo Books Indian Ocean Ltd. and OmniScriptum S.R.L publishing group

120 High Road, East Finchley, London, N2 9ED, United Kingdom
Str. Armeneasca 28/1, office 1, Chisinau MD-2012, Republic of Moldova, Europe
Printed at: see last page
ISBN: 978-620-7-96336-2

ÍNDICE DE CONTEÚDOS

RECONHECIMENTO

Estou extremamente grato a Deus Todo-Poderoso por toda a ajuda e pelas abundantes bênçãos que Ele derramou sobre mim durante o curso do estudo.

Gostaria de expressar o meu profundo sentimento de gratidão e honra ao **Rev. S.J.**, Diretor do Instituto de Investigação em Entomologia, Loyola College, Chennai e antigo Vice-Chanceler da Universidade de Bharathiar, Coimbatore e da Universidade de Madras, Chennai, por me ter dado a oportunidade de trabalhar neste tema, pela sua constante orientação, encorajamento, conselhos, sugestões e apoio moral na conclusão da tese.

Expresso a minha sincera gratidão ao meu supervisor de investigação, **Dr. M. Gabriel Paulraj,** Cientista, Instituto de Investigação Entomológica, Loyola College, Chennai, pela sua orientação, encorajamento e sugestões durante o período de estudo.

Tenho o privilégio de agradecer a todos os meus colegas actuais e passados pela ajuda oportuna prestada durante o período de trabalho de investigação.

Estou grata à minha mãe e aos membros da minha família pelo seu apoio, amor e orações sem fim. Um agradecimento especial à minha mãe pelos muitos anos de sacrifício e por acreditar em mim.

M.Ramar

1. Introdução

Os mosquitos são vectores de saúde pública, pertencendo à ordem Diptera, subordem Nematocera e família Culicidae. Foram registadas mais de 3100 espécies de mosquitos, pertencentes a 34 géneros, organizadas em três subfamílias, nomeadamente *Anophelinae, Culicidae* e *Toxorhynchitinae* (Knight e Stone, 1997). Os mosquitos mais importantes e incómodos pertencem aos géneros *Anopheles, Culex, Aedes, Mansonia, Haemogogus, Sabethes* e *Psorophora.* Na Índia, as várias espécies de *Anopheles, Culex, Aedes* e *Mansonia* são vectores de doenças graves. Os mosquitos transmitem doenças mortais como a malária, a filariose, a febre amarela, a febre de dengue e a encefalite japonesa; contribuem significativamente para a pobreza e a debilidade social nos países tropicais e subtropicais (Jang *et al.*, 2002).

No século passado, assistiu-se a actividades intensas para desvendar o mistério da transmissão de doenças transmitidas por mosquitos. Embora tenham sido identificadas e utilizadas medidas terapêuticas para o tratamento de doenças, a interrupção sustentável da transmissão destas doenças transmitidas por mosquitos não tem sido bem sucedida. É bem sabido que estas doenças podem ser erradicadas se os mosquitos vectores forem completamente eliminados. Mas é impossível erradicar completamente os mosquitos. No entanto, sempre foi possível reduzir a transmissão da doença para um nível inferior a um limiar mínimo através da redução da população de vectores, de modo a que a doença deixe de ser um problema de saúde grave.

As picadas de mosquito também provocam respostas alérgicas, incluindo reacções cutâneas locais e reacções sistémicas como angioedermia e urticária (Peng *et al.*, 1999).

O Culex quinquefasciatus, um mosquito doméstico que se encontra principalmente nas zonas urbanas, é um vetor da filariose humana na Índia. *O Cx. quinquefasciatus* actua como vetor de *Wucherreria bancrafti, Brugia malayi* e *Brugia timori,* que são responsáveis pela filariose linfática, uma doença prevalecente na Índia. A filariose é uma doença endémica em muitas partes da Índia, especialmente nos estados de Kerala, Mysore, Tamil Nadu, Andhra Pradesh e Maharashtra. A filariose linfática infecta 80 milhões de pessoas por ano, das quais 30 milhões são casos de infeção crónica. Na Índia, foram registados 45 milhões de casos de filariose linfática (Bowers *et al,* 1995). Destas infecções, 90% são causadas por *Wucherreria bancrafti* e 10% por *Brugia malayi.* As infecções por estes parasitas levam a uma variedade de manifestações clínicas, incluindo linfedema e elefantíase dos membros, doença genital (especialmente hidrocele, quilocole e elefantíase do escroto e do pénis) e infecções bacterianas secundárias agudas e recorrentes, também conhecidas como "ataques" agudos.

Quando um mosquito infetado toma uma refeição de sangue, os parasitas em fase larvar entram na circulação, migram para os vasos linfáticos e desenvolvem-se, ao longo de um período de 6-12 meses, em vermes adultos, que causam danos e dilatação dos vasos linfáticos. Os vermes férteis e as fêmeas adultas produzem milhões de microfilárias no sangue durante os seus 4-6 anos de vida. Estas microfilárias são absorvidas pelos mosquitos e o parasita continua a desenvolver-se no interior dos mosquitos antes de se tornar infecioso para o homem.

O controlo destas doenças graves está a tornar-se cada vez mais difícil devido à elevada taxa de reprodução e ao desenvolvimento de resistência aos insecticidas nos mosquitos (Severini *et al.,* 1993). O controlo químico dos mosquitos vectores continua a ser uma componente principal da gestão integrada dos vectores (Curtis *et al,* 2003; Zaim e Jambulingam 2004). De acordo com uma recente avaliação de pesticidas da OMS, os principais insecticidas utilizados contra os mosquitos nas Américas são os piretróides e os organofosforados (Zaim e Jambulingam 2004). No entanto, factores como o desenvolvimento de resistência aos insecticidas estão a provocar um aumento da morbilidade e da mortalidade devidas à malária e a outras infecções transmitidas por vectores. Foi registada resistência a todas as classes de insecticidas químicos utilizados em programas de controlo de vectores, incluindo medicamentos microbianos e reguladores de crescimento de insectos (Brogdon e McAllister 1998).

A aplicação de insecticidas em lagos e outras massas de água pode afetar negativamente os peixes larvófagos e outros organismos não visados e causar um grave desequilíbrio ecológico. Além disso, sabe-se que os pesticidas têm efeitos secundários nos seres humanos (Rajagobalan, 1981).

A procura de pesticidas alternativos e de medidas de controlo que não representem um risco ou que representem um risco mínimo para a saúde humana e para o ambiente é de grande interesse do ponto de vista da medicina preventiva (OMS 1999). As formulações líquidas à base de piretrina para mosquitos são amplamente utilizadas em muitos países, especialmente nas habitações da população rural. O interesse pelos pesticidas botânicos reavivou-se nos últimos anos, devido aos efeitos nocivos dos insecticidas sintéticos, incluindo a falta de seletividade, o impacto no ambiente e a emergência e propagação da resistência das pragas. Os pesticidas naturais parecem ter um papel prometedor no desenvolvimento de futuros pesticidas comerciais para a segurança do ambiente e da saúde pública (Bowers, 1992 a).

A utilização de derivados botânicos no controlo de mosquitos, especialmente no caso das larvas de mosquitos, como alternativa aos insecticidas sintéticos, oferece um método mais ecológico de controlo de insectos (Sukumar *et al.,* 1991). Foi referido que muitos extractos de plantas suprimem as populações de larvas de mosquitos (Chavan e Nikam, 1982; Saxena e Yadav, 1993). A utilização de certos extractos de plantas para o controlo de insectos tem várias características interessantes, como a facilidade de biodegradação em comparação com os insecticidas sintéticos, a menor perigosidade e o facto de oferecerem um rico depósito de produtos químicos com diversas actividades biológicas.

Os metabolitos secundários das plantas, como os alcalóides, flavonóides, terpenóides, taninos, fenóis e esteróis, têm actividades biológicas como dissuasores de alimentação, ovicidas, dissuasores de oviposição, insecticidas e atractivos contra insectos, incluindo mosquitos.

Os óleos essenciais são substâncias voláteis naturais que se encontram numa variedade de plantas. Quando isolados das plantas, os óleos essenciais não são normalmente extraídos como substâncias quimicamente puras, mas consistem em misturas de muitos compostos. Os óleos essenciais foram os primeiros conservantes utilizados pelo homem, originalmente no seu estado natural nos tecidos das plantas e depois como óleos obtidos por destilação em água. Os óleos essenciais, constituídos por compostos isoprenóides, principalmente mono e sesquiterpenos, são os portadores do odor que se encontra nas plantas aromáticas (Franzios *et al,* 1997). Comercialmente, os óleos essenciais são utilizados de quatro formas principais: como produtos farmacêuticos, como intensificadores de sabor em muitos produtos alimentares, como odorantes em fragrâncias e como insecticidas.

Atualmente, a avaliação dos óleos essenciais contra os mosquitos e o isolamento, a identificação e o desenvolvimento de produtos naturais a partir deles estão no centro de numerosos programas de investigação em todo o mundo. Até agora, apenas alguns insecticidas de origem vegetal chegaram ao mercado. Recentemente, vários voláteis de plantas foram avaliados quanto à sua ação contra as larvas de mosquitos (Cheng *et al.,* 2003). Há um interesse renovado nos produtos à base de óleos essenciais de plantas como fontes de novos agentes de controlo de insectos, porque podem ser biodegradáveis em compostos não tóxicos, minimizando assim a acumulação de resíduos nocivos, o que os torna mais amigos do ambiente em comparação com os compostos sintéticos (Choochote *et al.,* 2005).

O presente estudo foi realizado para avaliar a bioeficácia de alguns óleos voláteis contra o mosquito adulto *Culex quinquefasciatus* e para estudar todos os efeitos possíveis dos óleos essenciais eficazes nas fases de ovo, larva, pupa e adulto do mosquito.

2.1. Mosquitos: Pragas de saúde pública

Os mosquitos são insectos vectores que transmitem doenças mortais como a malária, a encefalite japonesa, a febre amarela, o dengue e a filariose (Jang *et al.*, 2002). As doenças transmitidas por mosquitos continuam a ser um grande problema no mundo, sobretudo nas regiões tropicais e subtropicais, e a OMS declarou os mosquitos como "Inimigo Público Número Um" (OMS, 1996). Uma parte importante do orçamento nacional da saúde é gasta no controlo destas doenças. A redução sustentável da população de mosquitos vectores e das doenças transmitidas por mosquitos pode ser conseguida através da utilização judiciosa de várias estratégias de controlo disponíveis.

Os mosquitos pertencem à ordem Diptera, subordem Nematocera e família Culicidae. Foram registadas mais de 3100 espécies de mosquitos pertencentes a 34 géneros, organizadas em três subfamílias, nomeadamente Anophelinae, Culicinae e Toxorhynchitinae (Knight e Stone, 1977). Os mosquitos mais importantes que transmitem doenças e causam incómodo pertencem aos géneros *Anopheles, Culex, Aedes, Mansonia, Haemogogus, Sabethes* e *Psorophora.* Na Índia, as várias espécies de *Anopheles, Culex, Aedes* e *Mansonia* são importantes como portadores de doenças.

2.2. Doenças transmitidas por mosquitos

A malária, a filária, a encefalite japonesa (EJ), o dengue e a febre hemorrágica do dengue (FHD) são as quatro principais doenças transmitidas por mosquitos na Índia. A malária e a filária são causadas por protozoários e nemátodos parasitas, respetivamente, enquanto a encefalite japonesa e a dengue são causadas por arbovírus. De entre estas, a malária é a doença mais importante devido à intensa morbilidade e mortalidade causadas.

2.2.1. Malária

Plasmodium vivax, P.falciparum, P. Malariae e P. ovale são as quatro espécies de plasmódios humanos responsáveis pela malária. A malária causada por *P. vivax* e *P. falciparum* é comum na Índia. As infecções por *P. malariae* foram registadas muito raramente e estão confinadas a populações tribais no estado de Orissa. Embora *o Plasmodium ovale* não esteja bem estabelecido na Índia, foram notificados pela primeira vez três casos de infeção por *P. ovale* pelo Vetor Control Research Centre, Pondicherry, num estudo realizado no distrito de Koraput, Orissa (Jambulingam *et al.*, 1989). A malária Falciparum é mais patogénica e é a causa de morte por malária. Calcula-se que mais de dois milhões de pessoas sofram de paludismo anualmente na Índia.

Os mosquitos pertencentes ao género *Anopheles* estão envolvidos na transmissão da malária (Quadro 1). Embora tenham sido registadas 58 espécies de anophelinos na Índia, muito poucas espécies estão envolvidas na transmissão da doença. *An. culicifacies, An. stephensi, An. fluviatilis, An. minimus, An. annualaris, An. philippinensis, An. Sundaicus* e *An. balabacensis* são os principais vectores da malária na Índia. Os vectores da malária de menor importância são o *An. varuna, o An. aconitus, o An. jeyporiensis var. candidiensis, o An. maculatus* e *o An. tessellatus* (Rao, 1981). Os principais vectores da malária rural e urbana na Índia são o *An. culicifacies* e *o An. stepheni,* respetivamente. Só *o An. culicifacies* é responsável por 60-70% dos casos de malária registados anualmente.

2.2.2. Filariose

A filariose, uma doença que afecta os braços, as pernas e os órgãos genitais, é muito prevalente na Índia e mais de 19 milhões de pessoas sofrem desta doença. A doença é causada por três espécies de nemátodos parasitas, a saber, *Wuchereria bancrofti, Brugia malayi* e *Brugia timori.* A filariose *bancroftiana* causada por *Wuchereria bancrofti* está amplamente disseminada e é endémica em todos os estados e territórios da união da Índia, exceto em Jammu e Caxemira, Himachal Pradesh, Punjab, Haryana, Chandigarh, Deli Rajasthan. Nagaland, Manipur, Meghalaya, Tripura, Andhra Pradesh, Mizoram e Sikkim. O aumento fenomenal da população humana, a migração de pessoas de zonas endémicas para zonas não endémicas, a criação de condições mosquitogénicas e o saneamento ambiental inadequado estão a contribuir para a propagação desta doença. A doença esteve outrora associada às zonas urbanas, mas atualmente está a emergir rapidamente como um problema importante nas zonas rurais. A filariose brônquica, causada por *B. malayi,* está limitada a algumas regiões da Índia, sendo a principal no estado de Kerala. A filariose causada por *B. timori* não foi registada na Índia.

O Culexguinquefasciatus é o principal vetor da filariose bancroftiana (placa 2). É um mosquito omnipresente que prefere reproduzir-se em habitats de água poluída, como esgotos, fossas, piscinas, etc. São mais comuns nas zonas urbanas devido à disponibilidade de numerosas fontes de reprodução. Os vectores Mansonioides são responsáveis pela transmissão da *filariose* brugiana. *Mansonia annulifera* e *Ma. uniformis* são os principais vectores e *Ma. indiana* é um vetor secundário. As espécies de Mansonioides reproduzem-se normalmente em habitats com vegetação aquática, preferindo charcos com vegetação como *Pistia stratiotes, Eichhornia crasspies* e *Salvinia molestes.*

2.2.3. Encefalite japonesa (JE)

A EJ é uma doença aguda, frequentemente fatal, causada por um arbovírus. O doente sofre de febre, fica comatoso e morre de encefalite. A recuperação da doença conduz geralmente a uma deficiência neurológica. A doença está amplamente disseminada nos países do Sul e do Sudeste Asiático e tem sido positivamente associada às práticas de cultivo do arroz. A EJ foi diagnosticada clinicamente pela primeira vez em 1955 em Vellore, Tamil nadu. Foram registados surtos de EJ nos Estados de Tamil Nadu, Karnataka, Andhra Pradesh, Bengala Ocidental, Bihar, Uttar Pradesh Pondicherry, Deli, Goa e

Kerala (John Victor, 1995).

O vírus JE foi isolado de muitas espécies de mosquitos, tais como *Cx. triateniorhynchus, Cx. vishnui, Cx. pseudovishnui, Cx. gelidus, Cx.fuscocephala, Cx. epidesmus, An. subpictus, An. barbirostris, An. hyrcanus* e *Ma annulifera* (Mani, 1987). Na Índia, verificou-se que os mosquitos pertencentes ao grupo *vishnui*, ou seja, *Cx. tritaeniorhynchus, Cx. vishnui* e *Cx. pseudovishnui*, são potenciais vectores da JE. Estas espécies preferem reproduzir-se nos campos de arroz e a sua densidade está estreitamente relacionada com as práticas agrícolas (Dutta *et al.*, 1999).

2.2.4. Dengue

A dengue e a febre hemorrágica da dengue (FHD) são causadas por um grupo de arbovírus (flavovírus). Dores fortes nas articulações e nos músculos, febre bifásica e erupções cutâneas são os sintomas comuns da febre da dengue e raramente são fatais. A febre hemorrágica da dengue (FHD) é frequentemente fatal. Os sintomas da FHD incluem sangramento do nariz e da boca.

Os mosquitos vectores da dengue e da FHD pertencem ao género *Aedes. O Aedes aegypti* é o principal vetor em áreas urbanas (Khan *et al.*, 1998). A espécie é principalmente um criador de receptáculos e é frequentemente encontrada a reproduzir-se profusamente em colecções de água da chuva em pneus descartados, latas, garrafas, etc., em recipientes de armazenamento de água como cisternas, barris, vasos, etc., e foi encontrada a reproduzir-se ocasionalmente em poços.

Os surtos de dengue estão frequentemente associados a zonas urbanas com abastecimento irregular de água potável. O crescimento da população urbana, a disponibilidade de numerosos locais de reprodução, os transportes rápidos que envolvem a circulação de pessoas infectadas e de vectores infectados são responsáveis por surtos frequentes de dengue.

2.3. Hábito dos mosquitos

O conhecimento dos hábitos dos mosquitos é essencial para compreender a epidemiologia das doenças transmitidas por mosquitos e a sua prevenção. De seguida, apresentam-se alguns dos seus hábitos importantes:

2.3.1. Hábitos alimentares

As fêmeas da maioria das espécies alimentam-se de sangue. As peças bucais dos machos não estão desenvolvidas para perfurar e não se alimentam de sangue. A sua alimentação consiste em sumos de plantas, néctar e outros líquidos. As fêmeas necessitam de uma refeição de sangue, uma vez em cada 2-3 dias, para o desenvolvimento dos ovos. As fêmeas de cada espécie diferem nos seus hábitos alimentares. Algumas espécies preferem o sangue humano (antrofílicas); outras preferem o sangue animal (zoófilas) e outras ainda diferem na sua escolha e alimentam-se tanto de homens como de animais. Em geral, os mosquitos alimentam-se ao fim da tarde ou no início da noite, mas há grandes variações entre as espécies. Apenas *o Aedes* sp. se alimenta durante o dia. A maior parte dos mosquitos anófeles são crepusculares e noturnos. Algumas espécies, como o *An.cruzi* e *o An. bellator,* picam durante o dia e a noite.

2.3.2. Hábito de reprodução

Os hábitos de reprodução dos mosquitos variam consideravelmente. O conhecimento dos hábitos de reprodução é necessário para efetuar operações anti-larvas. Em geral, os *Anopheles* sp. preferem reproduzir-se em água limpa. *O Culex* sp. prefere tanto água limpa como suja e poluída; *o Aedes* sp. prefere colecções artificiais de água. *O Mansonia* sp. reproduz-se em água com certos tipos de vegetação aquática. De um modo geral, os mosquitos têm preferência por determinados habitats. Uma colher cheia de água numa extensa zona pantanosa constitui um potencial habitat de reprodução para os mosquitos.

2.3.3. Hibernação

Sabe-se que os mosquitos hibernam na fase adulta quando as condições ambientais não são favoráveis. Os invernos rigorosos são compensados pela hibernação. Algumas espécies de mosquitos reproduzem-se na neve e em montanhas altas, por exemplo, *o An. communis* do Holoárctico, hiberna no inverno e reproduz-se em poças de neve no verão. Na zona temperada, o fotoperíodo desempenha um papel importante na indução da hibernação nos mosquitos *Anopheles*. Com o início das condições de dias curtos no princípio do outono, aparecem fêmeas não gonoactivas de *An. maculipennis* destinadas à hibernação.

2.3.4. Dispersão

Os mosquitos geralmente não voam para longe do local onde se reproduzem, a menos que sejam arrastados por correntes de vento. *O* alcance do voo varia consoante a espécie. Por exemplo, foi relatado que *o Anopheles pharoenis* apareceu no deserto do Egipto a uma distância de 56 km do local de reprodução mais próximo possível (Daniel *et* al.,1979). Os aviões e os navios aumentaram a possibilidade de dispersão de mosquitos de país para país e criaram novos problemas para a saúde pública. O perigo da introdução de mosquitos infectados com febre-amarela na Índia, onde a população não tem experiência anterior com a doença, é bem reconhecido (John Victor, 1995).

2.3.5. Tempo de vida

A vida de um mosquito é influenciada pela temperatura e pela humidade. Tanto as temperaturas altas como as baixas são fatais. O tempo de vida normal dos mosquitos varia de 8 a várias semanas (Rathnaswamy, 1999). Os machos, regra geral, têm uma vida curta.

2.4. Factores que influenciam a reprodução e o desenvolvimento dos mosquitos

A água, a temperatura, a luz, a sombra, o vento, a cor e a obstrução mecânica desempenham um papel importante na reprodução dos mosquitos (Hag *et al.,* 1998). Foi registada uma temperatura de 30°C a 33°C nos locais normais de reprodução de *Anopheles culidifacies*, mas no verão esta espécie restringe-se a poços e grandes tanques onde a temperatura máxima é de 37°C (Pal, 1945). As larvas de mosquito nunca são encontradas em águas turbulentas porque não conseguem suportar a ação das ondas, pelo que o movimento da água também tem um efeito no crescimento das larvas (Murihead, 1951).

Love e Welchel (1957) referiram que as populações larvares de *Anopheles quadrimaculatus* diminuíam quando a temperatura à superfície atingia 38°C. As larvas de mosquitos necessitam de alguma proteção contra o vento ou as ondas à superfície da água, pelo que, geralmente, não ocorrem em águas abertas de lagos e rios. Daniel *et al.* (1979) relataram que as fêmeas grávidas de *Aedes triseriatus* exibem uma preferência acentuada por locais de oviposição de cor escura.

2.5. Influência de factores químicos nos locais de reprodução dos mosquitos

Muitas substâncias químicas dissolvidas na água de reprodução das larvas de mosquito continuam a influenciar os hábitos de reprodução dos mosquitos. *Anopheles culicifacies* foi registado em habitats com pH entre 5,4 e 9,8 (Seniorwhite, 1926). Kurihara (1959) observou o desenvolvimento de larvas de *Aedes flavopictus* num pH que variava entre 2,0 e 10,0. Os gases dissolvidos, as matérias orgânicas de origem animal, a salinidade e a concentração de iões de hidrogénio afectam o crescimento das larvas.

2.6. Métodos de luta contra os mosquitos

Os efeitos terríveis dos produtos químicos sintéticos exigem métodos mais seguros de controlo dos vectores. A gestão integrada das pragas consiste em minimizar a utilização de produtos químicos convencionais, recorrendo, tanto quanto possível, a outros meios de controlo das pragas. Bactérias, protozoários, vírus, fungos e peixes são os agentes recomendados no programa de biocontrolo (OMS, 1982 e 1987).

2.6.1. Controlo químico

A luta contra os mosquitos baseia-se em grande medida em produtos químicos sintéticos. O modo de aplicação varia sob a forma de bobinas, vaporizadores, tapetes, latas de pulverização pressurizadas e vaporizadores líquidos. Todos estes métodos são utilizados principalmente para matar ou repelir os mosquitos adultos.

O controlo químico dos insectos mudou radicalmente após a descoberta do DDT, em 1939, por Paul Mueller, da Geigy Chemical Company, na Suíça. Em busca de um agente anti-traça, ele testou o produto químico Dicloro Difenil Tricloroetano (DDT). Este composto organoclorado revolucionou o controlo de insectos em todo o mundo (Brooks, 1974). Devido aos problemas ambientais associados à aplicação generalizada do DDT, a sua utilização nos Estados Unidos da América (EUA) foi proibida em 1972 pela Agência de Proteção do Ambiente (EPA). No entanto, na maioria dos países, os mosquitos vectores desenvolveram resistência a este inseticida.

A utilização de insecticidas orgânicos sintéticos, como o DDT, o endossulfão, o fosfamidão e os piretróides sintéticos, revelou-se perigosa. Estes produtos químicos tóxicos são responsáveis pelo desenvolvimento de resistências, pelo ressurgimento de pragas, pela contaminação das cadeias alimentares e pela poluição ambiental. A aplicação de insecticidas em lagos e outras massas de água pode causar riscos para a saúde. A aplicação de insecticidas pode ser inadequada ou ineficaz em grandes massas de água. Os insecticidas podem afetar negativamente os peixes larvófagos e outros organismos não visados e causar um grave desequilíbrio ecológico. Muitos outros insectos desenvolvem resistência aos insecticidas orgânicos, o que os torna imunes aos produtos químicos disponíveis. Além disso, sabe-se que os pesticidas têm efeitos secundários nos organismos não visados, bem como nos seres humanos (Rajagopalan, 1981).

2.6.2. Controlo biológico

2.6.2.1. Espécies de bactérias

As bactérias são um dos grupos importantes de agentes de controlo biológico, que estão a ser utilizados para controlar as larvas de mosquitos. *Bacillus thuringiensis,* uma bactéria gram positiva, aeróbica, formadora de endosporos, produz uma proteína cristalina parasporal, de forma bipiramidal, com atividade inseticida contra larvas de Dipteros. Esta bactéria é também resistente a altas temperaturas e à radiação ultravioleta (Salama *et al.,* 1991).

2.6.2.2. Vírus

O Iridovírus, o Vírus da Poliedrose Nuclear (NPV), o Vírus da Poliedrose Citoplasmática (CPV) e o Vírus da Iridescência do Mosquito (MIV) são vírus patogénicos que causam a mortalidade das larvas de mosquito (Weiser, 1991).

2.6.2.3. Protozoários patogénicos

Os parasitas mais comuns que causam doenças nos mosquitos através dos esporos são os protozoários microscópicos, nomeadamente Microsporida. Inclui os quatro géneros *Nosema, Pleistophora, Stempellia* e *Thelohania.* Os esporos podem ser armazenados e aplicados com um pulverizador de dorso. Os protozoários patogénicos matam larvas, pupas e adultos com especificidade de hospedeiro. Mas é muito difícil manipulá-los e os seus efeitos noutros organismos devem ser estudados.

2.6.2.4. Fungos

O género *Coelomomyces* é constituído por cerca de 70 espécies conhecidas. As larvas de mosquito com uma infeção potente de *Coelomomyces* morreram antes da pupação. *C. dodgei, C. punctatus, C. africanus, C. sorophorae* e *Lagemidium giganteum* são fungos amplamente utilizados para o controlo de mosquitos (Washino *et al.*, 1976 e McCray, 1985).

2.6.2.5. Gerrids

Nos gerrídeos, a eficácia de controlo é muito baixa, mas podem consumir larvas de mosquitos (Nummelin, 1988). Manuseiam as presas durante muito tempo e não as conseguem detetar facilmente. Por conseguinte, os aranhiços aquáticos não são agentes de controlo biológico promissores para a erradicação dos mosquitos, embora, em certa medida, possam resistir à deterioração da qualidade da água.

2.6.2.6. Dípteros (Larvas de mosquitos predadores)

As larvas de certos culicídeos, como *Culex fuscanus (Lutzia) e Toxorhynchites spledens,* podem ser utilizadas no controlo das larvas de mosquitos, uma vez que podem devorar facilmente as larvas. A presa e o predador coexistem e o predador prefere as presas de maior tamanho. *O Culex fuscanus* reproduz-se facilmente, coexiste com outras espécies de mosquitos, põe mais ovos e prefere aves para a sua refeição de sangue (Pandian *et al.*, 1998).

2.6.2.7. Parasitóides

Os mermishides que infectam os mosquitos dividem-se em vários grupos. É um parasita larvar, mas sobrevive em parte nas pupas e nos mosquitos adultos. *Romanmermis culicivorax, R. iyengari* e *R. nielseri* foram utilizados no controlo dos mosquitos (OMS, 1980 e Weiser, 1991).

2.6.2.8. Predadores de insectos

Nos predadores artrópodes, o sucesso da predação depende da taxa de ataque e do tempo de manuseamento que, por sua vez, são influenciados pelo tipo de presa, pela densidade da presa e pela mobilidade da presa (Hassel, 1978). Os insectos hemípteros são referidos como bons agentes de biocontrolo. Notonectidae e Pleidae são predadores de insectos que foram seriamente considerados para criação em massa e libertação para o programa de controlo de mosquitos (Panicker e Rajagopalan, 1977). *Notonecta undulata* e *Plea striola* foram utilizados para o controlo das larvas de mosquitos (Hazelrigg, 1974; Takashi *et al,* 1979).

Os belostimatídeos *Diplomats indicus* e *Laccotrephes griseus* são agentes de biocontrolo promissores contra as larvas de mosquito (Venkatesan e Sivaraman, 1984; e Venkatesan, 2000). As ninfas de libélulas Odonate alimentam-se de larvas de mosquito (Rayah e Sharma, 1978).

2.6.2.9. Neptídeos

O Ranatra linearis é suscetível a certos factores ambientais apenas durante o período restrito (Cloarec, 1981) e é um inseto preguiçoso que permanece quiescente cerca de 90 % do seu tempo. Pode subir à superfície rastejando, nadando ou flutuando.

2.6.2.10. Peixes Larvívoros

Os peixes larvívoros podem ser imediatamente utilizados nos países em desenvolvimento como a Índia para aumentar o controlo dos mosquitos que habitam as piscinas. Desde o início dos anos 1900, *a Gambusia affinis* tem sido utilizada para o controlo dos mosquitos. É originária dos Estados Unidos, espalhou-se pela ilha do Havai e pelas Filipinas, de onde se propagou para várias partes do Sudeste Asiático, Espanha, Itália, Norte de África e Europa. Trata-se de uma espécie que se reproduz rapidamente e que dá à luz, tendo sido demonstrada a resistência a insecticidas neste peixe (Anderson, 1985).

A limitação da utilização de peixes larvívoros para o controlo de mosquitos é a sua incapacidade de se reproduzirem em águas confinadas e os problemas associados à reposição dos locais de reprodução e à produção em massa. *A Gambusia* não pode ser utilizada em dois importantes locais de reprodução de mosquitos, pequenos contentores e água altamente poluída, uma vez que requerem introduções repetidas. Pode prejudicar outros peixes benéficos ou predadores de insectos, comendo os seus ovos ou crias ou através da competição por comida e é vulnerável a outros peixes predadores, fungos e outros agentes patogénicos (Anónimo, 1973).

2.7. Efeitos nocivos dos insecticidas químicos

Na maior parte das zonas urbanas e rurais do país, as populações de mosquitos são ameaçadoras durante todo o ano, com exceção de alguma atenuação durante o verão e o inverno. O controlo dos mosquitos por meio de produtos químicos é uma forma fácil, que permite um controlo imediato. Mas o problema dos mosquitos tem aumentado cada vez mais. A principal razão para este aumento do problema deve-se à utilização indiscriminada de insecticidas químicos. Os mosquitos desenvolvem rapidamente resistência a muitos insecticidas. A maioria dos pesticidas químicos é nociva para o homem e para os animais, porque alguns deles não são facilmente degradáveis e têm efeitos tóxicos (Ghosh, 1991). Os insecticidas podem entrar na cadeia alimentar e, por conseguinte, danificar irreversivelmente o fígado, os rins, etc. Os insecticidas provocam mesmo a mutação dos genes e estas alterações só se tornam visíveis após algumas gerações (Ghosh, 1991).

A aplicação de organofosforados, como o temefos e o fentião, e de reguladores do crescimento dos insectos, como o difubenzurão e o metopreno, é geralmente utilizada para o controlo das larvas dos mosquitos (Yang *et al.,* 2002). Embora eficazes, a sua utilização repetida perturbou os sistemas naturais de controlo biológico e conduziu a surtos de espécies de insectos, que por vezes resultaram no desenvolvimento generalizado de resistências, tiveram efeitos indesejáveis em organismos não visados e suscitaram preocupações ambientais e de saúde humana (Yang *et al*., 2002).

A aplicação de repelentes de mosquitos na pele é uma das formas mais antigas e comuns de proteção contra as picadas de mosquitos e, em muitas circunstâncias, é a única forma de evitar as picadas de mosquitos (Fradin e Day, 2002). Os produtos repelentes de mosquitos mais comuns disponíveis no mercado contêm DEET (N,N-dietil-3-metilbenzamida, anteriormente conhecida como N,N-dietil-m-toluamida). Trata-se de um repelente de largo espetro que é eficaz contra os mosquitos e outros insectos que picam. A eficácia do DEET para proporcionar uma proteção duradoura contra muitas espécies de mosquitos foi documentada em vários estudos (Barnard e Xue, 2004; Trongtokit *et al.,* 2005a; Klun *et al.,* 2006). No entanto, o seu efeito irritante nas membranas mucosas, as reacções alérgicas e a toxicidade para o homem levaram à procura de repelentes sintéticos e naturais alternativos. Além disso, foram registados alguns efeitos tóxicos, embora muito pouco frequentes e geralmente associados a uma aplicação excessiva do produto (Koren *et al,* 2003). Devido às preocupações suscitadas pela segurança do DEET, foi desenvolvida uma série de produtos repelentes alternativos. Algumas formulações contêm ingredientes activos sintéticos, como o ftalato de dimetilo (DMP), o hexanodiol de etilo (EHD), o propionato de etilo - 3 - (N-butilacetamido) (IR3535) e o éster 1 - metil propílico do ácido 2 - (2 - hidroxietil) - 1 - piperidinocarboxílico (Bayrepel, Icaridin ou KBR 3023).

As bobinas mosquiteiras são um dos produtos insecticidas domésticos mais comuns utilizados para proteção pessoal contra os mosquitos nos países asiáticos (Yap *et al.*, 1996, Mulla *et al.*, 2001). Na Tailândia, Mulla *et al.* (2001) referiram que é vendida no mercado uma grande quantidade de aerossóis e serpentinas para mosquitos, seguida de pulverizadores líquidos e vaporizadores. Todas as bobinas para mosquitos registadas e vendidas na Tailândia contêm apenas piretróides sintéticos, por exemplo, d-aletrina, d-transaletrina e transflutrina como ingredientes activos. Estas bobinas proporcionam um elevado grau de proteção contra os mosquitos (Yap *et al.*, 1996, Mulla *et al,* 2001). No entanto, muitas pessoas continuam a não gostar do cheiro das bobinas mosquiteiras que contêm piretróides sintéticos quando são queimadas, e essas pessoas também sentem que as bobinas podem ser prejudiciais para a sua saúde. É verdade que as bobinas mosquiteiras que contêm piretróides sintéticos e outros compostos organofosforados causam muitos efeitos secundários, como problemas respiratórios, irritação ocular, dores de cabeça, asma, comichão e espirros aos utilizadores (Sharma, 2001).

2.8. Botânicos: Pesticidas naturais

O mundo vegetal compreende um rico depósito de fitoquímicos que são amplamente utilizados como alternativas aos insecticidas sintéticos. Os metabolitos secundários obtidos das plantas demonstraram ter um potencial comprovado de controlo dos mosquitos.

A Chloroxylons wietenia DC. (Rutaceae) é uma árvore medicinal e aromática de florestas decíduas secas. É vulgarmente conhecida como madeira de cetim da Índia Oriental. A potencial atividade mosquitocida da *C. swietenia* é amplamente conhecida nas zonas tribais do Sul da Índia, onde é comum ver nestas zonas florestais grinaldas de folhas penduradas nas suas casas para erradicar os mosquitos e insectos (Ansari e Razdan, 1995).

Os produtos à base de piretrina têm sido largamente utilizados para proteger as pessoas das picadas de mosquitos através dos seus efeitos repelentes e mortíferos. Muitos outros produtos materiais de origem botânica, especialmente os óleos essenciais, são muito promissores na gestão de insectos vectores (Skinner e Johnson, 1980). Kiso e Hikino (1991) relataram que os compostos vinblastina e vincristina obtidos de *Catharanthus roseus* inibiram a divisão celular em ovos de mosquito fertilizados. Sabe-se que o Tulsi tem várias propriedades insecticidas. Os extractos de folhas de espécies de *Vitex* e *Ocimum* são tradicionalmente conhecidos como insecticidas naturais. Os agricultores indianos têm vindo a utilizar vários extractos de plantas como insecticidas e pesticidas (Ghosh, 2000).

Muitos estudos mostraram a bioatividade dos óleos essenciais contra mosquitos como inibidores de crescimento e/ou larvicidas, adulticidas, repelentes ou dissuasores de oviposição (Sukumar *et al.*, 1991; Carvalho *et al.*, 2003; Cavalcanti et al., 2004; Ansari *et al*, 2005). Os óleos essenciais de um grande número de plantas, incluindo *Ocimum* spp, *Cymbopogon* spp), *Eucalyptus maculate citriodon Pelargonium citrosum, Artemisia vulgaris, Lantana camara, Mentha piperita,Vitexr otundifolia, Curcuma* spp. (Pitasawat *et al*, 2003), *Conyza newii*, *Plectranthus marrubioides*, *Tetradenia riparia*, *Tarchonanthus camphoratus, Lippia javanica* e *L. ukambensis* (Omolo *et al.*, 2004), demonstraram ter boas propriedades repelentes contra mosquitos vectores. Paula *et al*,

(2003) relataram a composição química, a toxicidade e a repelência de mosquitos do óleo *de Ocimum selloi*. Os óleos essenciais *de Ocimum* têm sido tradicionalmente utilizados para matar ou repelir insectos e também para aromatizar produtos alimentares.

A natureza lipofílica dos óleos essenciais permite-lhes interferir com as funções metabólicas, bioquímicas, fisiológicas e comportamentais básicas dos insectos (Nishimura, 2001). Têm o potencial de ser ovicidas agudos, fumigantes, reguladores de crescimento de insectos e insecticidas contra várias espécies de insectos (Tsao *et al,* 1995). *Moschosma polystachyum* Linn, vulgarmente conhecido como Thulasi thondu, cresce como um arbusto no sul da Índia (Rajkumar, 2000). *M. polystachyum* é uma planta mosquitocida que é amplamente utilizada pelas tribos no estado indiano de Tamil Nadu como fumigante. Em termos de popularidade, os óleos de citronela de *Cymbopogon nardus* e *C. winterianus* foram considerados os repelentes de insectos mais utilizados (Hermes e James, 1961). *O Eucalyptus tereticornis* (Myrtaceae) há muito que é reconhecido pelas suas propriedades insecticidas, especialmente a sua atividade repelente de mosquitos (Traboulsi *et al,* 2005), mas ainda não foi amplamente analisado.

Referências

Abbott, W.S., 1925. Um método para calcular a eficácia de um inseticida. J. Econ. Entomol. 18, 265-266.

Abdul Rahuman, A., Geetha Gopala Krishnan, Salim Ghouse, B., Arumugam, S., Himalayan, B., 2000. Efeito da Feronia limonia nas larvas de mosquito. Fitoterapia, 71: 553 - 555.

Ahmed, S., M. Graivge, J.W. Hylin, W.C. Mitchell, Listinger, J.A., 1984. Algumas espécies de plantas promissoras para utilização como agentes de controlo de pragas no sistema agrícola tradicional. In: Schmutterer, H. e K.R.S. Ascher (eds.) Proc. 2nd International Neem Conference, Rauischolzhausen, Alemanha. 565-580.

Al-Dakhil, M.A., History, T.A., 1999. A atividade larvicida dos óleos de casca de três citrinos contra *Culexpipiens.* J. Egyptian Soc. Parasitol. 29, 347 - 352.

Alder, H.L., Roessler, E. B., 1977. Introduction to Probability and Statistics (6th edition) Freeman W. H., San Francisco. 1-426.

Amalraj, D., Vasuki, V., Kalyanasundaram, M., Tyagi, B.K., Das, P.K., 1988. Avaliação laboratorial e de campo de três reguladores de crescimento de insectos contra mosquitos vectores. Ind. J. Med. Res. 87, 24-31.

Amalraj, D.D., Sahu, S.S., Jambulingam, P., Doss, P.S.B., Kalyanasundaram, M., Das, P.K., 2000. Eficácia de suspensões aquosas e formulações granulares de *Bacillus thuringiensis* (Vectobac) contra mosquitos vectores. Ata Tropica. 75, 243-246.

Amer A., Mehlhorn, H., 2006. Efeito repelente de quarenta e um óleos essenciais contra mosquitos *Aedes, Anopheles* e *Culex*. Parasitology Res. 99(4):478-490.

Anderson, J.K., 1985. Resistência a insecticidas em peixes mosquitos do baixo Vale do Rio Grande de Taxas - Um perigo ecológico. Arch. Environ. Contam. Toxicol . 14, 543-577.

Anónimo, 1973. Controlo dos mosquitos. Some perspectives for developing countries Reports of the National Academy of Sciences, Washington DC, NTIS Association No. PB224 - 49 As. 6.

Ansari, M.A., Mittal, P.K., Razdan, R.K., Sreehari, U., 2005 Actividades larvicidas e repelentes de mosquitos do óleo de pinho *(Pinus longifolia,* família: Pinaceae). J. Vect. Borne Dis. 42, 95-99.

Ansari, M.A., Razdan, R.K., 1995. Relative efficacy of various oils in repelling mosquitoes (Eficácia relativa de vários óleos para repelir mosquitos). Ind. J. Malariol. 32, 104-11.

Ansari, M.A., Vasudevan, P., Tandon, M., Razdan, R.K., 2000. Ação larvicida e repelente de mosquitos do óleo de hortelã-pimenta *(Mentha piperita)* contra mosquitos. Bioresour. Technol. 71, 267 - 271.

Anuradha, V., Sakthivadivel, M., Rao, D.R., Daniel, T., 1996. Efeito larvicida do extrato de folhas de *Andrographis paniculata* Burm. (F). e *Swietenia mahagoni* (L.) Jacq. em *Culex quinquesfasciatus* Say (Diptera - Culicidae). In: Biological and Cultural Control of Insect Pest. Dunston P. Ambrose (Ed.,) Indian Scenario (Edn), *Adeline Publishers*. Tirunelveli, 158 - 160.

Ascher, K.R.S., Schmutterer, H., Zebitz, C.P.W., Naqvi, S.N.H., 1995. O lilás persa ou árvore de chinaberry: Melia azedarach L. In: Schmutterer, H. (Ed.), the Neem Tree: Source of unique Natural Products for Integrated Pest Management, Medicine, Industry and Other Purposes. VCH, Weinheim, Alemanha, 605-642.

Barnard, D., Xue, R.D., 2004. Avaliação laboratorial de repelentes de mosquitos contra *Aedes albopictus, Culex nigripalpus* e *Ochlerotatus triseriatus* (Diptera: Culicidae). J. Med. Entomol. 41, 726-730.

Barnard, D.R., 1999. Repelência de óleos essenciais a mosquitos (Diptera: Culicidae). J.Med. Entomol. 36, 625-9.

Beier, J.C., 1998. Desenvolvimento do parasita da malária em mosquitos. Annu. Rev.Entomol. 43. 519-543.

Bentley, D., McDaniel, I.V., Yaiagai, M., Lec, H., Maynard, R., 1979. P-Cresol: Um atrativo de oviposição do *Aedes triseriatus*. Environ. Entomol.8, 206 - 209.

Bowers, W.S, Sener, B., Evans, H., Bingal, F., Erodogan, I., 1995. Atividade das plantas medicinais turcas contra os mosquitos *Aedes aegypti* e *Anooopheles gambiae*. Insect Sci. Applic. 16, 339 - 342.

Bowers, W.S. 1992. Abordagens biológicas para o controlo de insectos. J. Appl. Entomol. 31, 289 - 303.

Bradford, M.M., 1976. Um método rápido e sensível para a quantificação de quantidades de microgramas de proteína utilizando o princípio da ligação proteína-corante. Analytical Biochem.72, 248-254.

Briegel, H., 1990. Fecundidade, metabolismo e tamanho do corpo em *Anopheles* (Diptera: Culicidae), vectores da malária. J. Med. Entomol. 27(5):839-50.

Brogdon, W.G., McAllister, J.C., 1998. Resistência aos insecticidas e controlo dos vectores. Emerg Infect. Dis. 4, 605-613

Brooks, G.T., 1974. In: Chlorinated Insects. CRC Press, Cleveland, Ohio. 70 - 82.

Carvalho A.F.U., Melo, V.M.M., Craveiro, A.A., Machado, M.I.L., Bantim, B., Rabelo, E.F., 2003. In :

Memorias Do Instituto-Oswaldo Cruz. 11 Fortaleza, CE, Brasil, 98, 569 - 571.

Cavados, C.F.G., Majerowicz, S., Chaves, J.Q., Araujo-Coutinho, C.J.P.C., Rabinovitch, L., 1999. Efeitos histopatológicos e ultra-estruturais de endotoxinas de *Bacillus thuringiensis* Serovar *israelensis* no intestino médio de larvas de *Simulium pertinax* (Diptera, Simuliidae). Mem Inst Oswaldo Cruz, 99 (5): 493-498.

Cavalcanti, E.S.B., de Morais, C.C., Lima, M.A.A., Santana, E.W.P., 2004. Atividade larvicida de óleos essenciais de plantas brasileiras contra *Aedes aegypti* L. Mem. I. Oswaldo Cruz 99, 541-544.

Cetin, B., Ozer, H., Kuscu, H., 2004. Economia da irrigação por gotejamento para pomares de maçã *(Malus domestica)* na Turquia. New Zealand Journal of Crop and Horticultural Science, 32: 349-354

Chaiyasit, D., Choochote, W., Rattanachanpichai, E., Chaithong, U., Chaiwong, P., Jitpakdi, A., Tippawangkosol, P., Riyong, D., Pitasawat, B., 2006. Óleos essenciais como potenciais adulticidas contra duas populações de *Aedes aegypti*, as estirpes de laboratório e de campo natural, na província de Chiang Mai, no norte da Tailândia. Parasitol Res. 99(6):715-21.

Chandra, F., Darrit, F., Darder, M., Cuany, A., Doannio, J.M.C., Pasteur, N., Guillet, P., 1998. Resistência pré-tróide em Culex quinquefasciatus da África Ocidental. Med vet Entomol 12: 359-366.

Chavan, S.R., Deshmuh, P.B., Renpurkar, D.M., 1979. Investigação de plantas indígenas quanto à atividade larvicida. Bull. Halfkine. Inst. 7, 23 - 33.

Chavan, S.R., Nickam, S.T., 1982. Atividade larvicida do mosquito *Ocimum basilicum* (Linn). Ind. J. Med. Res. 75, 220 - 222.

Cheng SS, Chang HT, Chang ST, Tsai KH, Chen WJ. Bioatividade de óleos essenciais de plantas seleccionadas contra as larvas do mosquito da febre amarela *Aedes aegypti. Biores Technol* 2003; *89(1):* 99-102. 5.

Cheng, S.S., Chang, H.T., Chang, S.T., Tsai, K.H., Chen, W.J., 2003. Bioatividade de óleos essenciais de plantas seleccionadas contra as larvas do mosquito da febre amarela *Aedes aegypti.* Biores Technol. 89(1): 99-102. 5.

Choi, W.S., Park, B.S., Ku, S.K., Lee, S.E., 2002. Actividades repelentes de óleos essenciais e monoterpenos contra *Culex pipiens* pallens. J Am Mosq Control Assoc. 18, 348-51.

Choochote, W., Chaithong, U., Kamsuk, K., Jitpakdi, A., Tippawangkosol, P., Tuetun, B., Champakaew, D., Pitasawat, B., 2007. Atividade repelente de óleos essenciais seleccionados contra o Aedes aegypti. Fitoterapia. Jul; 78(5):359-64.

Choochote, W., Chaiyasit, D. Kanjanapothi, D., Rattanachanpichai, E., Jitpakdi, A., Tuetun, B., Pitasawat, B., 2005. Composição química e potencial anti-mosquito do extrato de rizoma e do óleo volátil derivado de *Curcuma aromatica* contra *Aedes aegypti* (Diptera: Culicidae). J. Vetor Ecol. 30, 302-309.

Choochote, W., Kanjanapothi, D., Panthong, A., Taesotikul, T., Jitpakdi, A., Chaithong, U., Pitasawat, B., 1999. Efeitos larvicida, adulticida e repelente de Kaempferia galanga Southeast Asian J Trop Med Public Health. 30(3): 470-6.

Chopra, R.N., Gupta, J.C., Chopra, G.S., 1941. Ação farmacológica do óleo essencial de *Curcuma longa.* Indian J Med Res 29: 769-772.

Cloarec, 1981. Efeito do desempenho predatório da presença de presas após a muda no inseto *Rantara linearis.* Physiol, Entomol. 6, 241 - 249.

Corbet, S.A., Danahar, C.W., King, V., Chalmers, C.L., Tiley, C.F., 1995. Óleos essenciais melhorados por surfactantes como larvicidas de mosquitos. Entomol. Exper. Appl. 75, 229-36.

Curtis, C.F., Jana-Kara, B., Maxwell, C.A., 2003. Redes tratadas com inseticida: impacto nas populações de vectores e relevância da intensidade inicial da transmissão e da resistência aos piretróides. J. Vect. Borne Dis. 40, 1-9.

Curtis, C.F., Lines, J.D., Lu, B., Renze, A., 1990. Repelentes naturais e sintéticos. Em: Appropriate Technology in Vetor Control, C.F. Curtis (Ed.), CRC Press, Boca Raton, 75 - 92.

Daniel, I.N., Bentley, M.D., Lee, H.P., Yatagai, M., 1979. Estudos de atractivos de oviposição de *Aedes triseriatus*. Evidência da produção de atractivos por larvas tratadas com caulino. Can. Entomol, 12, 143 - 147.

Daniel, T., Umarani, S., Sakthivadivel, M., 1995. Ação inseticida de *Ervatamia divaricata* L. e *Acalypha india* L. contra *Culex quinquefasciatus* Say. Geobios New Reports 14(2), 95 - 98.

Dary, A., Martin, P., Wenner, T., Leblond, P., Decaris, B., 1999. Evolução do ADN cromossómico linear em Streptomyces: a variabilidade genómica é modulada pelo desenvolvimento? Res. Microbiol. 150 (7):439-45.

David, J.P., Rey, D., Pautou, M.P., Meyran, J.C., 2000. Differential toxicity of leaf litter to dipteran larvae of mosquito developmental sites. J. Invertebr. Pathol. 75, 9-18.

David, K.L., Weaver, 1991. A eficácia do linacool, um dos principais componentes do *Octimum canum*

Sims (Lamiaceae) recentemente ordenhado, na proteção contra os danos pós-colheita causados por certas pragas de Coleoptera de produtos armazenados. J. Stored Produc. Res. 27, 213 - 220.

Demba Ndione, R., Faye, O., Ndiaye, M., Dieye, A., Afoutou, J.M., 2007. Efeitos tóxicos de produtos de neem *(Azadirachta indica* A. Juss) em larvas de *Aedes aegypti* Linnaeus 1762. African J. Biotechnol. 6, 2846-2854.

Deo, P.G., Hasan S.B., Majumdar S.K., 1988. Toxicidade e adequação de alguns insecticidas para uso doméstico. Int. J. Pest Control 30, 118-129.

Deshmukh, P.B., Renapurkar, D.M., 1987. Atividade reguladora do crescimento de insectos de alguns extractos de plantas indígenas. Insect Sci. Appli. *8:* 81-83.

Dhillon, M.W., Mulla, M.S., Hwang, Y.S., 1982. Atividade biológica de toxinas de algas contra mosquitos imaturos. J. Chem. Ecol. 8, 557 - 558.

Dua, V.K., Gupta, N.C., Pandey, A.C., Sharma, V.P., 1996. Repelência das flores de *Lantana camara* contra os mosquitos *Aedes*. J. Am. Mosq. Control Assoc. 12, 406408.

Dutta, P., Khan, S.A., Sharma, C.K., Dolai, P., Mohant, J., 1999. Medically important mosquitoes of the world's largest river island Majuli, Assam. Entomon 24, 33 - 39.

El-Hag, E.A., El- Nadi, A.H., Zaitoon, A.A., 1999. Efeitos tóxicos e retardadores do crescimento de três extractos de plantas em larvas *de Culexpipens*. Phytotherap. Res, 13, 388- 392.

Evans, D.A. Kaleysaraj, R., 1991. Eficácia larvicida de *Quassin* contra *Culex quinquesfasciatus*. Ind. J. Med. Res. 93, 324 -327.

Finney, D.J., 1971. Probit analysis, Third ed., Cambridge University Press, Cambridge. Cambridge University Press, Cambridge. 68-72.

Fradin, M. S., Day, J.F., 2002. Comparative efficacy of insect repellents against mosquito bites. New England J. Med. 347, 13-18.

Franzios, G., Mirotson, M., Hatziapostolou, E., Kral, J., Scouras, Z.G., Mavragani, T.P., 1997. Actividades insecticidas e genotóxicas dos óleos essenciais de menta. J. Agric. Food Chem. 45, 2690-2694.

Ghosh, G.K., 1991. In: Biopesticide and integrated pest management. A.P.H. publishing corporation, New Delhi. 145 - 146.

Ghosh, G.K., 2000. In: Biopesticide and Integrated pest Management A.P.H. publishing corporation, New Delhi. 400 - 446.

Gikonyo, N.K., Mwangi, R.W., Midiwo, J.O., 1998. Toxicidade e atividade inibidora do crescimento do exsudado de superfície de *Polygonum senegalense* (Meissn.) contra larvas de *Aedes aegypti*. Insect Sci. Appl. 18, 229 - 234.

Gillij YG, Gleiser RM, Zygadlo JA. 2008. Atividade repelente de mosquitos de óleos essenciais de plantas aromáticas que crescem na Argentina. Bioresour Technol. 99(7):2507-2515.

Green, M.M., Singer, J.M., Sutherland, D.J., Hibben, C.R., 1991. Atividade larvicida de *Tagetes minuta* (Mari gold) contra *Aedes aegypti.* J. Am. mosq. Control Assoc. 7, 283 - 286.

Greets, S., Blerk, K.V., Triest, L., 1994. Efeito de *Ambrosia maritima em Anopheles stephensi* e *Aedes aegypti*. J. Ethnopharmacol. 42, 7 - 11.

Grosscurt, H.C., 1977. Modo de ação do diflubenzurão como ovicida e alguns factores que influenciam a sua potência. *British Crop Protection Council,* Londres. 141.

Gunasekaran, K., Doss, P.S.B., Vaidyanathan, K., 2004. Avaliação laboratorial e de campo do Teknar HP-D, uma formulação biolarvicida de *Bacillus thuringiensis* sub sp. israelensis, contra mosquitos vectores. Ata Tropica 92, 109-118.

Gupta, R.K., Rutledge, L.C., 1984. Papel dos repelentes no controlo de vectores e na prevenção de doenças. Am., J. Trop. Med. Hyg. Suppl. 50, 82 - 86.

Hag, S., Sharma, R..S.K., Sharma, V.P., 1998. Criação de mosquitos associada a esgotos na cidade de Anand (Gujarat) Ind. J. malariol. 35, 31 - 34.

Haller, H.L., 1940. Propriedades insecticidas do fruto *de Phelloaendrum spp.* J. Econ. Entomol. 33, 941.

Hasan, S.B., Deo, P.G., 1994. Sementes de *Ocimum sanctum* para controlo de mosquitos. Int. Pest Control. 36, 20 - 21.

Hassell, M.P., 1978. In: The Dynamic of Arthropod Predator - prey Systems. Monografias em Biologia populacional. 13, 1 - 237.

Hazelrigg, J., 1974. *Notonecta unifasciata como* predador de larvas de mosquitos em hábitos de campo estimulados. Proc. Calif. Mosq. Control Assoc. 42, 60- 65.

Hermes, W., James, M., 1961. Medical entomology. 5ª ed. (NY): Macmillan; 34.

Hester, P.G., Olson, M.A., Dukes, J.C., 1991. Efeitos do Arosurf MSF numa variedade de organismos aquáticos não visados em laboratório. J. Am. Mosq. Control Assoc. 7, 48-51.

Jacobson, M., 1954. In: insecticidas de plantas. A review of the literature. US Dept. Agri. Handbook. 154.

Jaenson TG, Garboui S, Palsson K. 2006. Repelência de óleos de eucalipto limão, gerânio e lavanda e do repelente de mosquitos MyggA natural para Ixodes ricinus (Acari: Ixodidae) no laboratório e no campo. J. Med. Entomol. 43(4), 7316.

Jambulingam P, Gunasekharan K, Sahoo SS, Hoti PK, Tyagi BK, Kalayanasundaram, M., 1989. Efeito dos mosquiteiros impregnados de permetrina na redução da população do vetor da malária, *Anopheles culicifacies,* numa aldeia tribal do estado de Orissa. (Índia). Indian J. Med. Res. 89: 48-51.

Jang,Y.S., Ahn, Y.J., Lee, H. S., 2002. Atividade larvicida de plantas brasileiras contra *Aedes aegypti* e *Culexpipiencs.* (Diptera: Culicidae). Agric. Chem. Biotechnol. 45, 131-134.

Jaswanth A., Ramanathan, P., Ruckmani, K., 2002. Avaliação da atividade mosquitocida das folhas de Anonna sqaamosa contra o vetor filarial de *Culex quinquefasciatus* (Say). Ind. J. Expt. Biol. 40, 363 - 365.

Jensen, T., Lampman, R., Slamecka, M.C., Novak, R.J., 2000. Eficácia no terreno de produtos comerciais anti-mosquito no Illinois. J. Am. Mosq. Control Assoc. 16, 148-52.

Jeyabalan, D., Arul, N., Thangamathi, P., 2003. Estudos sobre os efeitos dos extractos de folhas de *Pelargonium citrosa* no vetor da malária, *Anopheles stephensi* Liston. Bioresour Technol. 89(2): 185.

João Victor, T., 1995. Bio ecologia e controlo de vectores da encefalite japonesa em relação às práticas agronómicas em campos de arroz no sul da Índia Tese de doutoramento, Guia: Dr. R. Rueben.

Joshi, G.C., Bhatnagar, V.N., Wattal, B.L., 1978. Avaliação laboratorial e de campo do alho natural e sintético. J. Commun. Dis. 10, 107 - 114.

Juliani, H.J., Koroch, A., Simon, J.E., Hitimana, N., Daka, A., Ranarivelo, L., Langenhoven, P., 2006. Qualidade dos óleos de gerânio (espécies *Pelargonium*): Estudos de caso na África Austral e Oriental. J. Essential Oil Res. 18:116-121.

Kabilan, L, Vani, S., Rao, D.R., Mani, T.R., Pitchappan, R.M., 1999. Proteína sintetizada por larvas de mosquito em resposta à infeção por *Bacillus spharicus.* Tropical Biomed. 16, 39-45.

Kallen, W.R., Clark, T.B., Lindegren, J.E., Ho, C.B., Rogoff, M.H., Singer, S., 1965. *Bacillus sphaericus* Neide como agente patogénico de mosquitos. J. Invert. Pathol. 7, 442448.

Kalyanasundram, M., Babu, C.J., 1982. Extractos de plantas biologicamente activos como larvicidas de mosquitos. Ind. J. Med. Res. 76, 102 - 106.

Karanja, D.M., Githeko, A.K., Vulule, J.M., 1994. Avaliação de campo em pequena escala da película de superfície monomolecular 'Arosurf MSF' contra Anopheles arabiensis Patton. Ata Trop. abril; 56(4):365-9.

Karch, S., Coz, J., 1983. Histopathologie de *Culex pipiens* Linné (Diptera: Culicidae) soumis à l'activité larvicide de *Bacillus sphaericus* 1593-4, Cah. O.R.S.T.O.M., Sér. Ent. Méd. Parasitol. 19, 225-230.

Karmegam, N., Sakthivadivel, M., Anuradha, V., Daniel, T., 1997. Extractos de plantas indígenas como agentes larvicidas contra *Culex quinquefasciatus.* Bioresour. Technol. 59, 137 - 140.

Keravis, G., 1997. Spectrometrie de masse et chromatographiedansl analyse des plantes aromatiques et huiles essentielles.In Prooceedings of the Intern. Congr. Arom. Medicinal Plants & Essential Oils, Benjilali B, Ettalibi M, Ismaili-lauoli M, Zrira S. (eds). Actes Editions, Rabat, Marrocos. 379-384.

Khan, S.A., Handique, R., Tweari, S.C Dutta, P., Naraian, K., Mahanta, J., 1998. Ecologia larvar e fauna de mosquitos do vale superior do Brahmaputra, Nordeste da Índia, Ind. J. Malariol. 35, 131 - 145.

Kiso, Y., Hikino, H., 1991. In: Plant Biochemistry and it's Bioactivity. Academic Press, Londres. 219 - 233.

Klun J.A., Khrimian, A., Debboun, M., 2006. Os efeitos repelentes e dissuasores de SS220, Picaridin e Deet suprimem a alimentação de sangue humano por *Aedes aegypti, Anopheles stephensi* e *Phlebotomuspapatasi.* J. Med. Entomol. 43, 34-39.

Knight, K.L., Stone, A., 1997. A catalog of the mosquitoes (Diptera: Culicidae). *Fundação Thomas Say* 2nd Ed. Entomol. Soc. Am., pp. 6.

Koren V., Smith, M., Duan, Q., 2003. Utilização de estimativas de parâmetros a *priori* na derivação de conjuntos de parâmetros espacialmente consistentes de modelos de precipitação de escoamento superficial. In: Calibração de modelos de bacias hidrográficas. Water science and Applications (ed. Por Q. Duan, S. sorooshian, H. Gupta, H. Rosseau & R. Tutcotte). Vol 6, 239-254. AGU, Washington Dc, EUA.

Koua, H.K., Han S.H, d' Almeida, M.A., 1998. Histopatologia de *Anopheles gambiae s.l.* Giles, 1902 *(Diptera, Culicidae:)* submetido à atividade larvicida do extrato aquoso de *Persea americana* Miller, (Lauraceae). Bull. Soc. Pathol. Exot. 91, 252-256.

Kramer, L.W., Mulla, S.M., 1979. Atractores de oviposição e repelentes de mosquitos: respostas de oviposição do *mosquito Culex* a infusões orgânicas. Environ. Entomol. 8, 1111-1117.

Kreutzweiser, D.P., Gringorten, J.L., Thomas, D.R., Butcher, J.T., 1996. Efeitos funcionais do inseticida bacteriano Bacillus thuringiensis var. kurstaki nas comunidades microbianas aquáticas.Ecotoxicol Environ Saf. abril; 33(3):271-80.

Kumar, A., Dutt, G.P., 1987. Óleos de plantas indígenas como agente lavrvicida contra *Anopheles stephensi,* Curr, Sci, 56, 959.

Kurihara, Y., 1959. Estudos sobre o fator limitante no recipiente de bambu de água poluída. Jap. J. Zool, 12, 391 - 400.

Lacey, L.A., Federici, B.A., 1979. Patogénese e histopatologia do intestino médio de *Bacillus thuringiensis* em *Simulium vittatum* (Diptera: Simuliidae). J. Invertebr. Pathol. 33, 171-182.

Laemmli, U.K., 1970. Clivagem de proteínas estruturais durante a montagem da cabeça do bacteriófago T4. Nature 227:680-685.

Levy, R., Powell, C.M., Hertlein, B.C., Garrett, W.D., Miller, T.W., 1982c. Additional studies on the use of the monomolecular surface film for operational control of mosquito larvae and pupae. J. Fla. Anti-Mosq. Assoc. 53, 100-106.

Loset, J.R., Marston, A., Gupta, M.P., Hostettmann, K., 2000. Compostos antifúngicos e larvicidas da casca da raiz de *Cordia allidora.* J. Nat. Prod. 63, 424 - 426

Lounibos, L.P., 1978. Estimulante de reprodução e oviposição de mosquitos em cascas de frutas. Econ. Entomol. 3, 299- 304.

Love, G.J., Welchel, J.G., 1957. Efeito letal da alta temperatura sobre os estágios imaturos de *Anopheles quadrimaculatus.* Ecology 35, 570 - 576.

Mani, T.R., Rajendran, R., Sarangapani, T.D., Tewari, S.C., Narayanasamy, G., Devaputra, M., Pillai, P.K., Reuben, R.E., 1987. Avaliação da pulverização espacial com malatião como medida de controlo suplementar contra *Anopheles culicifacies* Giles. Ind. J. Med. Res. 86, 31-40.

Manik C., Sharma, M., Lakshmana, K.S., Bansal, K., Saxena, O.P., Saxena, R.C., 1992. Effect of *Tridax procumbens* extract on fecundity and metamorphosis in *Culex quinquefasciatus.* J. Eco. Toxicol. Environ. Monit. 2, 217 - 219.

Maradufa, A., Lubega, R., Dorn, F., 1978. Isolamento de Ocimenone, um larvicida de mosquitos de *Tagetes minuta.* Lloydia 41, 181 - 183.

Martoja, R., Martoja, M., 1967. Iniciação às Técnicas de L'histologie animale. Masson ed. Paris. 345-368.

Massebol, F., Tadesse, M., Bekele, T., Balkew, M., Gebre-Michael, T., 2009. Avaliação dos efeitos larvicidas de óleos essenciais de algumas plantas locais contra *Anopheles arabiensis* Patton e *Aedes aegypti* Linnaeus (Diptera, Culicidae) na Etiópia African Journal of Biotechnology. 8 (17), 4183-4188.

Massoud, A.M., Labib, I.M., 2000. Atividade larvicida de *Commiphora molmol* contra *Culex pipiens* e *Aedes caspius*. J. Egyptian Soc. Parasitol. 30, 101 - 115.

Matsuda, B.M., Surgeoner, G.A., Heal, J.D., Tucker, A.O., Maciarello, M.J., 1996. Análise do óleo essencial e avaliação de campo da planta Citrosa *Pelergonium citrosium* como repelente contra a população de mosquitos *Aedes*. J. Am. Mosq. Control Assoc. 12, 69 - 64.

McCray, E.M.J., 1985. *Lagenidim giganteum* (fungos). In: Biological Control of Mosquitoes. H.C. Champman (Ed.), *Am. Mosq. Contorl Assoc. INC,*

Freno, *California Bulletin* 6: 87- 98.

Mendki, M.J., Ganesan, K., Prakash, M.V., Suryanarayanan, S., Malhotra, R.L., Rao, K.M., 2000. Heneicosane: Uma feromona atractiva de oviposição de origem larvar no mosquito *Aedes aegypti*. Curr. Sci. 78, 1295 -1296.

Merritt, R.W., Walker, E.D., Wizbach, M.A., Morgan, K.W., 1989. A broad evaluation of Bti for black fly (Diptera: Simuliidae) control in a Michigan river: efficacy, carry, and non target effects on invertebrates and fish. J. Am. Mosq. Control. Assoc. 5, 397-415.

Millar, J.G., Chaney, J.D., Mulla, S., 1992. Identificação de atractivos de oviposição para *Culex quinquefasciatus* a partir de infusões fermentadas de erva das Bermudas. J. Am. Mosq. Control Assoc. 11 - 17.

Mittal, P.K., Adak, T., Sharma, V.P., 1995. Bioeficiência de seis produtos de neem contra larvas de mosquito. J. Pesticide Res. 7, 35 - 38.

Miura, T., Schaefer, C.H., Takahashi, R.M. Mulligan, F.S., 1976. Effect of insect growth inhibitor Dimilin on hatching of mosquito eggs. J. Econ. Entomol, 69, 655 - 658.

Mohsen, H., Al-Saadi, M.M., Al-Waib, A., 1990. Atividade larvicida *de* mosquitos *do* extrato de *Desurainia sophia*. Int. J. Crude Drugs Res. 28, 77- 80.

Mohsen, Z.H., Jaffer, M., Al-Saadi, M.M., Ali, Z.S., 1989. Efeitos insecticidas de *Haplophyllus tuberculatum* contra *Culex quinquefasciatus* Say. Int. J. Crude Drugs Res. 27, 17- 21.

Mozon, R.B., Alvior, J.P., Luczon, L.L.C., Morales, A.S., Mutuc, F.E.S., 1994. Potencial larvicida de cinco plantas das Filipinas contra *Aedes aegypti* e *Culex quinquefasciatus*. Southeast Asian J. Trop.

Med. Pub. Hlth. 25, 755 - 759.

Mulla, M.S., Thavara, U., Tawatsin, A., Kong-ngamsuk, W., Chompoosri, J., 2001. Mosquito burden and impact on the poor: measures and costs for personal Protection in some communities in Thailand. J. Am. Mosq. Control Assoc. 17: 153.

Murihead, 1951. Technique for the investigation of mosquito feeding preferences on man. Trans. Royal Soc. Trop. Med. Hyg. 49(1), 64-67

Murugan, K., Jeyabalan, D., 1999. Efeito de certos extractos de plantas contra o mosquito, *Anopheles stephensi* Liston. Curr. Sci. 76, 631 - 633.

Muthukrishnan, J., Pushpalatha, E., Kasthuribai, A., 1977. Efeitos biológicos de extractos de plantas nas fases larvares de *Culex quinquefasciatus* Say. Insect Sci. Applic. 17, 389194.

Mwangi, R.W., Mukiama, T.K., 1988. Avaliação das fracções de extrato de *Melia volkensi* como larvicidas de mosquitos. J Am Mosq Control Assoc. 4: 442-7.

Mwangi, R.W., Mukiama, T.K., 1988. Avaliação das fracções de extrato de *Melia volkensii* como larvicidas de mosquitos. J. Am. Mosq. Control Assoc. 4, 442 - 447.

Nagpal, B.N., Srivastava, A., Sharma, V.P., 1995. Controlo da reprodução de mosquitos utilizando raspagem de madeira tratada com óleo de Neem. Ind. J. Malariol, 32, 64 - 69.

Narendran, S.T., Arivoli, S., Ignacimuthu, S., 1999. Avaliação de duas plantas quanto à sua atividade larvicida e antifeedante. In: Actas do Simpósio Nacional sobre Biopesticidas. S.Ignacimuthu e Alok Sen (Eds) *Phoenix Publishers,* New Delhi. 26-30.

Nicholas, K., Gikonyo, Richard, W., Mwangi, R.W., Midiwo, J., 1998. Toxicidade, atividade inibidora do crescimento de *Polygonum senegalense* contra larvas *de Aedes aegypti*. Insect Sci. Applic. 18(3), 229 -234.

Nishimura, H., 2001. Constituintes aromáticos em plantas e suas actividades repelentes contra mosquitos. Aroma. Research 2, 257-267.

Nummelin, 1988, Os aranhões-de-água (Hat: Gerridae) como predadores de mosquiotes em incubação. In: Actas de Bicovas. (K.S. Ananthasubramanian, P. Venkatesan e S. Sivaraman) Loyola College, Chennai, Índia, 1:121-125.

Omolo, M.O., Okinyo, D., Ndiege, I.O., Lwande, W., Hassanali, A., 2004. Repelência de óleos essenciais de algumas plantas do Quénia contra *Anopheles gambiae*. Phytochem. 65, 2797-2802.

Omolo, M.O., Okinyo, D., Ndiege, I.O., Lwandeb, W., Hassanali, A., 2005. Toxicidade fumigante dos óleos essenciais de algumas plantas africanas contra *Anopheles gambiae* sensu stricto. Phytomedicine 12: 241-246.

Oudo, N.A., Al-Chalabi, B.M., Mohsen, Z.H., 1998. Extrato de *Atriplex canescens* contra *Culex quinquefasciatus*. Pharmaceut. Biol., 36, 68 - 71.

Padmasukumaran. 1997. Inibição do crescimento de extractos de *Tridax procumbens* em *Culex quinquefasciatus*. Poll. Res. 16, 129 - 131.

Pal, R., 1945. Sobre a bionomia de *An. culicifacies* e a ecologia dos estádios imaturos. J. Malariol. Inst. Ind., 6:53-74.

Pandian, R.S., Benjamin, M., Manoharan, A.C., 1998. Avaliação de pesticidas sintéticos e fitoquímicos contra as fases imaturas de *Culex quinquefasciatus:* J. Environ. Poll. 7, 1- 5.

Pandian, R.S., Benjamin, M., Manoharan, A.C., 2000. Avaliação de pesticidas sintéticos e fitoquímicos contra as fases imaturas de *Culex quinquefasciatus*. J. Environ. Poll. 7, 1- 5.

Panicker, K.N., Rajagopalan, P.K., 1977. Potencial de controlo biológico de *Anisops bouvieri* kirkaldy (Hemiptera: Notoneectidae). Ind. J. Med. Re., 66:772-776.

Patterson, B.D., Khalil, S.K.W., Schermeister, L.J., Querishi, M.S., 1975. Interacções entre plantas e insectos. J. Nat. Prod. 38, 391 - 403.

Paula, J.P., De, Gomes Carneiro, M.R., Paumgartten, F.J.R., De Paula, J.P., 2003. Estudos sobre o efeito do óleo de *Ocimum selloi* contra os mosquitos adultos. J. Ethnopharmacol. 24, 88, 253 - 260.

Pautou, M.P., Rey, D., David, J.P., Meyran, J.C., 2000. Toxicidade de taninos vegetais em crustáceos associados a locais de reprodução de mosquitos alpinos. Ecotoxicol Environ Saf. 47(3): 323-32.

Peng, Z., Yang, J., Wang, H., Simons, F. ER., 1999. Produção e caraterização de anticorpos monoclonais para duas novas proteínas salivares do mosquito *Aedes aegypti*. Insect Biochem. Mol. Biol. 29, 909-914.

Perich, M.J., Wells, C., Bertsch, W., Tredway, E.K., 1995. Isolamento dos componentes insecticidas de *Tagetes minuta* contra larvas e adultos de mosquitos. J. Am. Mosq. Control Assoc. 1, 307 - 310.

Pitasawat, B., Choochote, W., Tuetun, B., Tippawangkosol, P., Kanjanapothi, D., Jitpakdi, A., Riyong, D., 2003. Repelência da *curcuma aromática Curcuma aromatica* em condições laboratoriais e de campo. J. Vect. Ecol. 28, 234-240.

Pitasawat, B., Choochote, W., Kanjanapothi, D., Panthong. A., Jitpakdi, A., Chaithang, U., 1998. Rastreio da atividade larvicida de dez plantas carminativas. Sudeste Asiático. J. Trop. Med. Pub.

Health 29, 660 - 662.

Poonam, S., Paily, K.P., Balaraman, K., 2002. Atração para oviposição de filtrados de cultura bacteriana - resposta de *Culex quinquefasciatus.* Mem. Inst. Oswaldo Cruz. 97, 359362.

Prabakar K, Jebanesan A., 2004. Eficácia larvicida de alguns extractos de folhas de plantas cucurbitáceas contra *Culex quinquefasciatus* (Say). Bioresour. Technol. 95(1), 113-4.

Prabakar, K., 2001. Estudos sobre as actividades larvicida e repelente de certos extractos de plantas cucurbitáceas contra o vetor do mosquito *Culex quinquefasciatus* (Say). Tese de Mestrado em Filosofia. Tese, *Universidade de Annamalai,* Tamil Nadu, Índia. pp. 26 - 39.

Prajapati, V.V., Tripathi, A.K., Aggarwal, K.K., Khanuja, S.P.S., 2005. Atividade inseticida, repelente e de impedimento de oviposição de óleos essenciais seleccionados contra *Anopheles stephensi, Aedes aegypti* e *Culex quinquefasciatus*. Bioresour. Technol. 96, 1749-1757.

Prakash, A., 1992. Ação ovicida de certos inibidores da síntese de quitina em mosquitos. Entomon, 17, 15 - 19.

Preethi, S., Srivastava, C.N., 1998. Eficácia relativa de alguns extractos de tecidos de plantas importantes contra larvas *de Culex*. J. Entomol. Res. 22, 377 - 380.

Pugalenthi, P., 1995. Toxicidade das cardenolidas no controlo dos mosquitos. Pestologia, 19, 8- 15.

Pushpalatha, E., Muthukrishnan, J., 1995. Atividade larvicida de alguns extractos de plantas contra *Culex quinquefasciatus* e *Anopheles stephensi*. Ind. J. Malariol. 32, 14 - 23.

Pushpanathan, T., Jebanesan, A., Govindarajan, 2006. Actividades larvicida, ovicida e repelente do óleo essencial de *Cymbopogan citratus* Stapf (Graminae) contra o mosquito filarial *Culex quinquefasciatus* (Say) (Diptera: Culicidae) M.Trop Biomed. 23(2):208-12.

Raghunatha Rao, D., R.R. Reuben, D.R. Rao, M.F. Uren e L.H. Manderson, 1989. Avaliação do pó da torta de neem e da ureia revestida com torta de neem como larvicidas de mosquitos em campos de arroz. In: Actas do Quinto Simpósio sobre Arbovírus. Investigação em Astralia. 138-142.

Rajagopalan, P.K., 1981. Perspectivas para o controlo biológico de mosquitos. Ind. J. Med. Res. 73, 163.

Rajkumar S, Jebanesan A. 2004a. Atividade ovicida do extrato de folhas de *Solanum trilobatum* Linn (Solanaceae) contra *Culex quinquefasciatus* Say e *Culex tritaeniorhynchus* Gile (Diptera: Culicidae). *International Journal of Tropical Insect Science*, 24(4): 340-342.

Rajkumar, S., 2000. Estudos sobre o Regulador de Crescimento de Insectos (IGR) e a atividade quimiosterilante do extrato de folhas de *Moschosma polystachyum* contra *Culex quinquefasciatus* Say. Tese de Mestrado em Filosofia. Tese, *Universidade de Annamalai,* Tamil Nadu, Índia, 18 - 37.

Rajkumar, S., Jebanesan, A., 2002a. Atratividade de oviposição do extrato de folhas de *Solanum aerianthum* para *Culex quinquefasciatus.* J. Expt. Zool. 59, 221 - 224.

Rajkumar, S., Jebanesan, A., 2005. Actividades dissuasoras da oviposição e repelentes da pele do extrato de folhas de *Solanum trilobatum* contra o vetor da malária *Anopheles stephensi.* J. Insect Sci. 5, 15-17.

Ramar, M., Duraipandiyan, V., Gabriel Paulraj, M., Ezhil Vendan S., Ignacimuthu, S., 2008. Propriedades larvicidas e pupicidas do extrato de folhas de *Croton sparciflorus* Linn. (Euphorbiaceae) contra *Culex quinquefasciatus* Say. *Insect Pest Magament* (Eds. S. Ignacimuthu e S. Jayaraj), Narosa Publishing House, New Delhi.Pp 167-169.

Ramsewak, S., Muraleedharan, G., Strasburg, G.M., Dewitt, D.L., Nitiss, J.L., 1999. Alcalóides de carbazole biologicamente activos e *Murraya koenigii.* J. Agri. Food Chem. 47, 444 - 447.

Rao, T.R: 1981. The Anopheles of India, publicado pelo ICMR. 1-594.

Raquel, M., Gleiser Julio, Zygadlo, A., 2007. Propriedades insecticidas dos óleos essenciais de *Lippia turbinate* e *Lippia polystachya* (Verbenaceae) contra *Culex quinquefasciatus* (Diptera: Culicidae., Parasitol Res., 101:1349-1354.

Rathnaswamy, G.K., 1999. A hand book of medical entomology and elementary parasitology, S. Viswanathan (Printers & Publishers) Pvt., Ltd: 16 -17.

Rayah. E.A.E.L., F.T.E.L. D.A. Sharma, 1978. Notas sobre a morfologia e bionomia da libélula *Trithemis annulata* Scortecii Nielsem (Odonata: Anisophera), como predador de larvas de mosquito (*Anopheles gambiae, Culex pipiens*). Z. Angew. Entomol. 85:81-86.

Reniprabha, H., Muralidharan, S., Subramanian, M.A., 1990. Impacto dos extractos de plantas na muda das larvas do mosquito *Culex sp.* Environ. Ecol. 17, 1022 - 1024.

Rey, D., Cuany, A., Pautou, M.P., Meyran, J., 1999a. Sensibilidade diferencial dos taxa de mosquitos aos taninos vegetais. J. Chem. Ecol.25, 537- 48.

Rey, D., Long, A., Pautou, M.P., Meyran, J.C., 1998. Histopatologia comparativa de alguns Diptera e Crustacea de ecossistemas alpinos aquáticos, após tratamento com *Bacillus thuringiensis* var. *israelensis.* Entomol. Exper. Applicata 88, 255-263.

Rey, D., Pautou, M.P., Meyran, J., 1999b. Efeitos histopatológicos do ácido tânico no epitélio do intestino médio de algumas larvas de Diptera aquáticos. J. Invertebr. Pathol. 73, 17381.

Ritchie, A., 2001. Efeitos de alguns alimentos para animais e substratos de oviposição na oviposição de *Aedes* em ovitrampas em Cairns, Austrália, J. Am. Mosq. Control Assoc., 17, 206 - 208.

Sagar, S.K., Sehgal, S.S., 1997. Toxicidade do extrato do revestimento de sementes de agulhas contra mosquitos. Ind. J. Entomol. 59, 215 - 223.

Saghal, A., Pillai, M.K.K., 1993. Atividade ovicida da permetrina e da deltametrina em mosquitos. Entomon, 17, 149 - 154.

Sakthivadivel, M., Anuradha, V., Rao, R.D., Daniel, T., 1996. Propriedades larvicidas de *Melia azedarach* L., *Azadirachta indica* Ad. Juss. e *Pongamia glabra* (L.) Vent. em *Culex quinquefasciatus* Say. In: Biologicaland Cultural Control of Insect Pest. Dunston. P. Ambrose. (Ed.), Indian Scenario (Edn.) *Adeline Publishers,* Tirunelveli. 201 - 203.

Salama, H.S. A.M.M., Ali e A. Shgaraby, 1991. *Bacillius thruringiensis* Berliner resistente a altas temperaturas e radiação ultravioleta. J. Appl. Entomol, 112:520524.

Saxena, B.P., Koul, O., Tikku, A., Atal, C.K., Suri, O.P., Suri, K.A., 1979. Aristolochic - acid an insect chemosterilant from *Aristolochia bracteata* retz. Ind. J. Expt. Biol. 17, 354.

Saxena, R., Harshan, C., Saxena, A., Sukumaran, P., Sharma, M.C., Lakshamanakumar, M., 1993. Atividade larvicida e quimiosterilante dos alcalóides de *Annona squamosa* contra *Anopheles stephensi.* J. Am. Mosq. Control Assoc. 9, 84 - 87.

Saxena, S.C., Yadav, R.S., 1983. Um novo extrato de planta para suprimir a população do vetor da febre amarela e do dengue *Aedes aegypti* (Diptera: Culicidae) Curr. Sci., 52, 713.

Schreck, C.E., Leonhardt, B.A., 1991. Avaliação da eficácia do quwenling, um repelente de mosquitos da China. J. Am. Mosq. Control Assoc, 7, 433 - 436.

Schwartz, A.M., Paskewitz, S.M., Orth, A.P., Tesch, M.J., Toong, Y.V., Goodman, W.G., 1998. Os efeitos letais de *Cyperus iria* em *Aedes aegypti.* J. Am. Mosq. Control Assoc. 14, 78 - 82.

Senior-White, R. A. 1926. A revision of the subfamily Calliphorinae in the Oriental Region. -Registos do Museu da Índia 28: 127-140.

Senthil Nathan, S., 2007. A utilização do óleo de Eucalyptus tereticornis Sm. (Myrtaceae) (extrato de folhas) como agente larvicida natural contra o vetor da malária *Anopheles stephensi* Liston (Diptera: Culicidae). Bioresour. Technol. 98, 1856-1860.

Senthil Nathan, S., Kalaivani, K., Sehoon, K., 2006. Efeitos do extrato de *Dysoxylum malabaricum*

Bedd. (Meliaceae) no vetor da malária *Anopheles stephensi* Liston (Diptera: Culicidae). Bioresour. Technol., 97, 2077-2083.

Senthil Nathan, S., Kalaivani, K., Sehoon, K., Murugan, K., 2006. A toxicidade e os efeitos comportamentais dos limonóides de neem em *Cnaphalocrocis medinalis* (Guenée), o leafolder do arroz. Chemosphere. 62(8):1381-7.

Severini, C., Romi, R., Marinucci, M., Raymond, M., 1993. Mecanismos de resistência a insecticidas em populações de campo de *Culex pipiens* de Taly. J. Am. Mosq. Control. Assoc. 9, 164-168.

Shaalan, E., Canyon, D., Faried, M.W., Abdel-Wahab, H., Mansour, A., 2005. Uma revisão dos fitoquímicos botânicos com potencial mosquitocida. Environ Int 31:11491166.

Sharma, N., Subramaniam, B., 1999. Plantas larvicidas potenciais para o controlo da população nas regiões tropicais. In: Actas do Simpósio Nacional sobre Biopesticidas. S. Ignacimuthu e Alok Sen (Eds) *Phoenix Publishers,* New Delhi, pp. 79-81.

Sharma, R.N., Pande, S.G.D., Tungiikar, V.B., Joseph, M., 1994. Toxicidade de óleos essenciais naturais para mosquitos, *Aedes aegypti* e *Culex quinquefasciatus.* Geobios, 21, 162 - 165.

Sharma, S.K., Wattal, B.L., 1979. Eficácia de algumas sementes mucilaginosas como agentes de controlo biológico contra larvas de mosquitos. J. Ent. Res. 3, 172 - 176.

Sharma, S.K., Wattal, B.L., 1982. Estudos adicionais sobre o potencial larvicida de sementes mucilaginosas para mosquitos. J. Entomol. Res. 6, 159 - 165.

Sharma, V.P., 2001. Health hazards of mosquito repellents and safe alternatives (Perigos para a saúde dos repelentes de mosquitos e alternativas seguras). Curr. Sci. 80, 341 -343.

Sharma, V.P., Ansari, M.A., Razdan, R.K., 1993. Ação repelente de mosquitos do neem J. Am. Mosq. Control Assoc. 9, 359 - 360.

Sharma, V.P., Dhiman, R.C., 1993. O óleo de Neem como repelente de moscas da areia (Diptera: Psychodiae). J. Am. Mosq. Control Assoc, 9, 364 - 366.

Siddique, B.S., Ghiasuddin, F.A., Faizi, S., Nagui, S.N.H., Tasio, R.M., 2000. Dois tetra tetra nortriterpenóides insecticidas de *Azadirachta indica.* Phytochem. 53, 371 - 376.

Sighamony, S., Mustafa, M., Osmani, L., 1981. Efeito do óleo de Carum (Ajowan) na mortalidade e metamorfose do *Aedes aegypti.* Sci. & Cul., 47, 365 - 366.

Singh, D., Rao, S.M., Tripathi, A.K., 1984. Cedarwood oil as a potential insecticidal agent against mosquitoes. Naturwissenschaften. 71, 265-6.

Sinniah, B., Sinniah, D., Ibrahim, J., 1994. Efeito do óleo de Neem nas larvas de mosquito. Mosq. Borne Dis. Bull. 2, 90 - 93.

Siriwattanarungsee, S., Sukontason, K.L., Olson, J.K., Chailapakul, O., Sukontason, K., 2008. Eficácia do extrato de neem contra a mosca varejeira e a mosca doméstica. Parasitol Res. 103(3): 535-44.

Sivagnaname, N., Amalraj, D.D., Kalyanasundaram, M., Das, P.K., 2001. Atração de oviposição de uma infusão de um fungo que habita a madeira para mosquitos vectores. Ind. J. Med. Res. 114, 18 - 24.

Sivagnaname, N., Kalyanasundaram, M., 2004. Avaliação laboratorial do extrato metanólico de *Atlantia monophylla* (Família: Rutaceae) contra estágios imaturos de mosquitos e organismos não-alvo. Mem. Inst. Oswaldo Cruz, 99, 115-118.

Skinner, W.A., Johnson, H.L., 1980. A conceção de repelentes de insectos. In: Ariens, E.T. (Ed.), Drug Design, vol. 10. Academic Press, Nova Iorque. 277-305.

Sosan, M.B., Adewoyin, F.B., Adewunmi, C.O., 2001. Propriedades larvicidas de três óleos vegetais indígenas no mosquito *Aedes aegypti*. Nigerian J Natl Prod Med. 5: 30-3.

Srivastava, C.N., Preethi, S., 2000. Bioeficácia de certos extractos de plantas contra larvas *de Anopheline*. Adv. Biosci, 19, 93 - 98.

Still, C.C., Rupp, H.R., Hajek, B., 1994. Cultivo de piretro e utilização do piretro como larvicida de mosquitos. In: Actas da Reunião Anual realizada em Atlantic City. J. Am. Mosq. Control Assoc. 81, 22 - 28.

Su, T., Mulla, M.S., 1998. Atividade ovicida de produtos de neem (azadiractina) contra *Culex tarsalis* e *Culex quinquefasciatus* (Diptera: Culicidae). J Am Mosq Control Assoc. 14(2):204-9.

Su, T., Mulla, S., 1999. Respostas a bioensaios de oviposição de *Culex tarsalis* e *Culex quinquefasciatus.* Entomolgia Expt. Appl. 91, 337 - 345.

Subramanian, S.K., Muthuraj, S., 1998. Larvicidal efficacy of the Charophytes, *Chara zeylanica and Chara braunii* against the mortality response of mosquito larvae, *Culex quinquefasciatus.* Seaweed. Res. Uriln. 20, 13 - 18.

Sukumar, K., Perich M.J., Boobar L.R., 1991. Derivados botânicos no controlo de mosquitos: A review. J. Am. Mosq. Control Assoc. 7, 210-237.

Sukumaran, P., 1997. Inibição do crescimento por extractos de *Tridax procumbens* em *Culex quinquefasciatus.* Poll. Res. 10, 129 - 131.

Suparvaran, P., Knapp, P.W., Signafus, R., 1974. Extractos de plantas biologicamente activos para o controlo de larvas de mosquitos. Mosq. News. 34, 398.

Supavan, P., Fred, W.K., Roy, S., 1974. Extractos de plantas biologicamente activos para o controlo de larvas de mosquitos. Mosq. News. 34, 402.

Suryanarayanamurthy, V., Sriram, K., Jamil, K., 1997. Efeito do extrato de folhas de *Polyalthia longifolia* (Família: Annonaceae) em larvas e pupas de mosquitos *Culex quinquefasciatus* Say (Diptera: Culicidae) de diferentes habitats. Int. Pest Control. 36, 52 - 53.

Takashi, R.M., Stewart R.J., Schaefer, C.H., 1979. Uma avaliação de Plea striola (Hemiptera: Pleid .e) como agente de controlo de mosquitos na Califórnia. Mosq. News 39, 514 - 519.

Tawatsin, A., Thavara, U., Chompoosri, J., 2002. Avaliação no terreno de Mosquito Coils Derived from Plants against Night-Biting Mosquitoes in Thailand Publicado em Proceedings International Conference on Bio Pest. 3, 21-26.

Thangam, S.T., Kathiresan, K., 1992. Atividade larvicida de extractos de ervas marinhas contra o *Aedes aegypti.* Int. Pest Control. 34, 116 - 119.

Thangam, S.T., Kathiresan, K., 1997. Atividade larvicida de mosquitos e atividade sinérgica de *Rhizophora apiculata* com phyrethrum contra *Culex quinquefasciatus.* Int. J. Pharmacol. 35, 69 - 71.

Thangam, T.S., Kathiresan, K., 1994. Atividade larvicida do mosquito de *Rhizophora apiculata.* Int. J. Pharmacognosy 32: 33-36.

Thomas, T.G., Rao, S., Lal, S., 2004. Propriedades larvicidas do mosquito de uma planta indígena, *Ipomoea cairica* Linn. Japanese J Infect Dis. 57: 176-7.

Thorsell, W., Mikiver, A., Malander, I., Tunon, H., 1998. Eficácia de extractos de plantas e óleos de repelentes de mosquitos. Phytomedicine. 5, 311 - 323.

Tjahjani, S., 2008 Eficácia de vários óleos essenciais como repelentes *de Culex* e *Aedes.* Proc i ASEAN Congr. Trop. Med. Parasitol. 3:33.

Traboulsi, A.F., El-Haj, S., Tueni, M., Taoubi, K., Nader, N.A., Mrad, A., 2005. Repelência e toxicidade de extractos de plantas aromáticas contra o mosquito *Culex pipiens* molestus (Diptera: Culicidae). Pest Manag. Sci. 61, 597-604.

Trongtokit Y., Curtis C. F., Rongsriyam Y., 2005a. Eficácia de produtos repelentes contra mosquitos *Anopheles stephensi* em gaiolas e em voo livre. *Jornal do Sudeste Asiático de Medicina Tropical e Saúde Pública*, 36: 1423-1431.

Tsao, R., Lee, S., Rice, P.J., Jensen, C., Coats, J.R., 1995. Monoterpenóides e seus derivados sintéticos como pistas para novos agentes de controlo de insectos. Em: Baker, D.R., Fenyes, J.G., Basarab, G.S. (Eds.), Synthesis and Chemistry of Agrochemicals IV. Sociedade Americana de Química, Washington, DC. 312-324.

Umerie, S.C., Anaso, H.U., Anyasoro, L.J.C., 1998. Potenciais Isecticidas do extrato de folhas de *Ocimum basilicum*. Bioresour. Tecthnol. 64, 237-339.

Vartak, P. H., Sharma. R.N., 1993. Toxicidade do vapor e repelência de alguns óleos essenciais e terpenóides para adultos de *Aedes aegypti* (L.) (Diptera: Culicidae). Ind. J. Med. Res. 97, 122-127.

Vasudevan, P., Madan, Sharma, S., 1989. Propriedade larvicida da mamona. *Pesticidas,* 2, 36 - 39.

Venkatachalam, M.R., Jebanesan, A., 2001. Atividade repelente do extrato de folhas de *Feronia elephantum* contra *Aedes aegypti.* Bioresour. Technol. 76, 287 - 288.

Venkatesan P., Sivaraman, S., 1984. Alterações na resposta funcional dos insectos de Diplonychus indicus Venk.e Rao (Hemiptera Belostomatidae) na sua predação de duas espécies de larvas de mosquito de tamanho variável. Entomon 9(3), 191 - 196.

Venkatesan, P., 2000. Insectos aquáticos de Gaint (Belostomatidae). In: Hetroptera of Economic importance. C.W. Schaefer e A.R. Panizzi (Eds.), CRP Press, Nova Iorque, pp. 577 - 582.

Ware, G.W., 1994. The pesticide book. 4ª Ed. Fresno, CA: Thomson Publications. 386

Washino R.K. J.L. Lasko, C.K. Fukushima e Gono, 1976. O estabelecimento de Lagenidium giganteum um parasita fúngico aquático de mosquitos e anos após a introdução no campo,. Proc. Pap. Calif. Assoc. de Controlo de Mosq. 44:52.

Webber, L.A., Cochran, D.C. 1984. Observações laboratoriais sobre alguns vertebrados de água doce e vários peixes salgados expostos a uma película de superfície orgânica monomolecular (ISA-20E). *Mosquito News* 44, 68-69.

Weiser, J. 1991. In: Biological Control of Vectors John Wiley and Sons, Chichester, Nova Iorque, Brisbane, Toronto, Singapura UNDA/Banco Mundial/OMS/TDR. 44-97.

OMS, 1980. Guide to field determination of major groups of pathogens affecting arthorpod vectors of human disease. Publicações da OMS. 73-96.

OMS, 1982. Guide to field determination of major groups of pathogens affecting arthropod vectors of human disease, publicações da OMS pp73-96.

OMS, 1987. Relatório de uma consulta informal sobre a deteção, o isolamento, a identificação e a ecologia do biocontrolo dos vectores de doenças. Documentos TDR/BCV/IC-GE 87:3.

OMS, 1996. Relatório da consulta informal da OMS sobre a avaliação e ensaio de insecticidas. OMS, Genebra. 9, 32-36, 50-52.

OMS, 1999. Comité de Peritos em Biologia e Controlo de Vectores Décimo sexto relatório. Genebra, EB108/6

Wink, M., 1993. Produção e aplicação de fitoquímicos numa perspetiva agrícola. Em van Beek, T. A. e H. Breteler, editores. eds. Phytochemistry and agriculture. Oxford, Reino Unido Clarendon Press. 171-213.

Wright, R.H., 1975. Porque é que os repelentes de mosquitos repelem. Scientific Am. 233, 104 - 111.

Xue, R.D., Ali, A., Barnard, D.R., 2003. Triagem de 16 repelentes de insectos comerciais contra mosquitos. J. Am. Mosq. Control. Assoc. 19, 271 - 274.

Xue, R.D., Barnard, R., Ali, A., 2001. Avaliação lobaratória e de campo de repelentes de insectos como dissuasores de oviposição contra o mosquito *Aedes albopictus*. Med. Vet. Entomol. 15, 126 - 131.

Yang, Y.C., Lee, S.G., Lee, H.K., Kim, M.K., Lee, S.H., Lee, H.S., 2002. Uma amida piperidina extraída do fruto de *Piper longum* L. mostra atividade contra larvas do mosquito *Aedes aegypti*. J. Agric. Food Chem. 50, 3765-3767.

Yang, Y.C., Lee, S.H., Lee, W.J., Choi, D.H., Ahn, Y.J., 2003. Efeitos ovicidas e adulticidas de compostos de óleo de folhas e botões de Eugenia caryophyllata em *Pediculus capitis*. J. Agric. Food Chem. 51: 4884-4888.

Yap, H.H., Lee, C.Y., Chong, N.L., Yahaya, A.M., Baba, R., Awang, A.H., 1996. Desempenho de bobinas de mosquito contendo transflutrina contra *Culex quinquefasciatus* (Say) num ambiente de ocupação urbana. Trop Biomed 13: 101103.

Zaim M, Jambulingam P. 2004. Global Insecticide Use for Vetor-Borne Disesae Control (Utilização global de insecticidas para o controlo de doenças transmitidas por vectores). Esquema de Avaliação de Pesticidas da Organização Mundial de Saúde (WHOPES). In: Esquema de Avaliação de Pesticidas da Organização Mundial de Saúde (WHOPES): Organização Mundial de Saúde: Genebra.

MIX
Papier aus verantwortungsvollen Quellen
Paper from responsible sources
FSC® C105338

Printed by Books on Demand GmbH, Norderstedt / Germany